MÉTÉOROGRAPHIE

OU

ART D'OBSERVER D'UNE MANIÈRE COMMODE ET UTILE LES PHÉNOMÈNES DE L'ATMOSPHÈRE.

CONTENANT

La deſcription de deux *Barométrographes* ou Baromètres qui tiennent note par des traces ſenſibles de leurs variations & des tems précis où elles arrivent ; avec l'idée de pluſieurs autres Inſtrumens *Météorographiques*, quelques Remarques ſur les tentatives faites en ce genre & celles que l'on prépare, &c.

On y a joint deux Planches en taille-douce.

Par M. CHANGEUX.

A PARIS,
RUE ET HOTEL SERPENTE.

1781.

DESCRIPTION (1)

Des deux Barométrographes ou Baromètres qui tiennent note, par des traces ſenſibles, de leurs variations & des tems précis où elles arrivent. Avec l'idée de pluſieurs autres Inſtrumens Météorographiques, &c.

LES deux inſtrumens dont on va donner la deſcription, ſont du même genre & produiſent abſolument les même effets (énoncés dans le titre de ce Mémoire;) mais chacun d'eux a des avantages particuliers qu'il eſt bon de faire connoître.

Le premier apprend la manière de joindre le baromètre à des pendules anciennes, & il épargnera la majeure partie des frais de conſtruction à ceux qui auront une pendule.

Le ſecond offre un méchaniſme plus ſimple, à quelques égards, & pourra convenir aux perſonnes qui voudroient faire conſtruire la machine à neuf.

Le rapport de Meſſieurs les Commiſſaires nom-

(1) Extrait du Journal de Phyſique de l'Abbé ROZIER.

més par l'Académie pour examiner l'une & l'autre machine, joint à la description de la première, offrent un tel détail, que pour faire connoître la seconde, j'ai cru qu'il suffisoit d'en donner la figure & l'explication par lettres.

Quoique le barométrographe bien compris, soit très-suffisant pour mettre les Savans & les Artistes à portée de changer la plupart des instrumens météorométriques en autant de météorographes, c'est-à-dire de combiner l'instrument qui mesure le tems, (la pendule) avec les instrumens qui mesurent les qualités de l'air (le thermomètre, l'hygromètre, l'anémomètre, &c.) cependant je pourrai, s'il le faut, décrire quelque jour ceux-ci; en attendant j'ai cru devoir donner une idée de ce qu'on a tenté & de ce qu'on peut faire en ce genre.

PREMIER BAROMÉTROGRAPHE.

On ne peut disconvenir de l'insuffisance du baromètre; les alternatives dans la légèreté & la pesanteur de l'air y sont rendues sensibles aux yeux, par l'élévation & l'abaissement du mercure; mais on n'en saisit & l'on n'en suit pas tous les mouvemens, parce qu'on ne peut pas toujours observer. Le commencement, le milieu, la fin & toutes les petites parties des variations du mercure, leur durée totale dans un tems donné, comme un jour, un mois, une année, &c. la vîtesse ou les degrés de promptitude & de lenteur de ces variations, échappent à l'Observateur le plus patient. Réduit à consulter deux ou trois fois le jour son instrument, il ne connoît réellement la pesanteur de l'air, que pour deux ou trois instans pendant l'espace de vingt-quatre heures. Tout ce qui arrive dans cette pesanteur pendant les tems intermédiaires, lui reste absolument caché. Le mercure varie dans son absence, & si après avoir monté ou descendu, il se remet au point où il étoit avant le retour de l'Observateur, celui-ci est trompé, rien, au moins, ne lui prouve que le mercure a varié, & il est porté à penser qu'il a été stationnaire. La comparaison que l'on a cru jusqu'ici pouvoir faire, entre les expériences que fournissent le baromètre (& l'on peut en dire autant de toutes les machines météorométriques), quelqu'exactes & quelque nombreuses que l'on suppose ces expériences, ne peut conduire à aucun résultat, à aucune conséquence certaine, scientifique & satisfaisante, & puisque ces expériences ne sont ni complettes ni isochrones; il me seroit facile de faire voir qu'elles ne sont pas même comparables (1).

---

(1) De quelque méthode que les Météorologistes se servent pour obtenir la moyenne proportionnelle de leurs observations partielles, cette moyenne proportionnelle ne peut être appellée la *moyenne vraie* ou *naturelle*.

Si comme certains Météorologistes, on fonde les résultats moyens sur les termes extrêmes des observations, en ajoutant la moitié de la différence au plus petit terme extrême; on ne compare que des variations qui sont rares & qui indiquent des états violens qui s'écartent de la marche ordinaire de la nature, qui par conséquent ne paroissent

Le barométrographe remédie à tous les défauts du baromètre. Ses effets constatés par l'expérience de deux années ne me permettent plus de différer à le présenter aux Amateurs de la Météorologie.

---

pas même devoir indiquer avec justesse la loi moyenne & commune que l'on veut établir. Les résultats moyens étant d'autant plus sûrs qu'ils sont fondés sur un plus grand nombre d'observations, la méthode dont nous parlons doit paroître bien incomplette, puisque les résultats moyens ne sont appuyés que sur deux observations. M. Macquer en donne la preuve *dans le Journal des Savans Juillet* 1780.

Si comme d'autres Météorologistes, on fonde les résultats moyens sur la somme de toutes les observations faites pendant un tems comme un mois, une année, &c. en divisant cette somme par le nombre des observations, la moyenne proportionnelle que l'on obtient est plus exacte, mais elle n'est pas encore la moyenne vraie. Elle offre un résultat plus parfait des variations observées sur l'instrument, mais non celui de tous les changemens qui ont eu lieu dans l'atmosphère.

La marche du baromètre ne fait jamais connoître l'intensité de la pesanteur de l'air dans un pays ou un tems donné. Je suppose que dans un espace de tems comme une saison, le mercure dans le baromètre ait été souvent observé à une plus grande élévation que dans une autre saison, on n'en pourra pas conclure que l'air aura été plus pesant dans la première saison que dans la seconde. En effet, ne connoissant point la durée des variations du mercure, on ne peut tirer aucune conséquence sur l'intensité de la pesanteur de l'air. Si chacune des grandes élévations du mercure a eu peu de durée, l'air aura pu être plus léger que dans une saison où le mercure aura fait des variations absolument opposées. L'Observateur raisonnera très bien d'après son instrument, mais il sera en contradiction avec la nature.

Le thermomètre & les autres machines météorométriques exposent précisément aux mêmes inconvéniens que le baromètre.

Cet inſtrument eſt compoſé de deux machines très-connues, dont l'une meſure le tems, & l'autre la peſanteur de l'atmoſphère (la pendule & le baromètre), je lui donne le nom de barométrographe, parce qu'il ne meſure pas ſeulement le poids de l'air, mais qu'il tient note par écrit, c'eſt-à-dire, par des traces ſenſibles, & des variations qui arrivent dans ce poids, & du tems où ces variations arrivent.

Parties qui compoſent le Barométrographe.

Les parties principales qui compoſent le barométrographe ſont au nombre de trois.

1°. La pendule (ou horloge) *planche première, figure première*, AAAAA, avec ſon appareil, ou ſon cadran immobile B, & ſon cadran mobile CC.

2°. Le baromètre DDD, avec le flotteur E, armé de ſon crayon E*.

3°. La baſcule compoſée ou l'aſſemblage des petites baſcules 1, 2, 3.

I. *Pendule avec ſon appareil.*

Je me ſuis ſervi pour faire mon premier barométrographe d'une pendule ancienne : on y voit le cadran des heures B, & au-deſſous le grand cadran mobile, il porte des dents à ſa circonférence, qui engrènent dans un pignon mû par la roue de la pendule que l'on appelle *roue de poids*.

Je ne donnerai point ici le calcul des dents du grand cadran & des ailes du pignon. Un pareil engrénage est absolument relatif à la manière dont la pendule est construite & peut changer dans toutes les pendules. Il n'y a point d'Horloger, ni de Méchanicien, qui n'en puissent exécuter, au besoin, de convenable. Il est aussi relatif à la révolution plus ou moins lente ou prompte que l'on veut donner au cadran.

Une règle de cuivre *a* tombe perpendiculairement de la platine antérieure de la pendule à environ quinze pouces, & est fixée sur une autre règle de cuivre *bb* horisontale & portée sur des tasseaux attachés aux deux côtés intérieurs de la pendule. La règle *a*, porte un pivot sur lequel roule le cadran mobile ou le grand cadran.

Il s'agit de décrire & ce cadran & l'alidade qui y est appliquée.

Cadran mobile.

Le cadran mobile est formé par un cercle de cuivre, dans lequel sont enchâssées des tablettes de bois d'ébène.

On pourroit faire ce cadran avec l'ardoise ou le carton dont on fait les tabatières, ou le bois commun couvert d'une peau d'âne, d'un parchemin, &c; enfin, il peut être de métal enduit d'un vernis noir.

J'ai donné au cadran mobile une révolution de sept jours, il est divisé par des rayons ou lignes droites en sept portions.

Les noms de chacun des jours de la semaine sont écrits à chaque portion du cadran sur un petit cercle de cuivre, distant du grand cercle de la circonférence de deux pouces & demi.

Sur le grand cercle de cuivre qui forme l'encadrement du cadran, à chacune de ses divisions septénaires, sont gravées les vingt-quatre heures du jour, c'est-à-dire, que les nombres qui les expriment sont répétés sous chaque jour, ou septième portion du cadran.

Ce cadran peut être plus ou moins grand. Plus il aura de diamètre, plus les divisions en jours & les sous-divisions en heures, demi-heures, quarts, &c. seront sensibles, & plus par conséquent il sera commode.

Dans le barométrographe que je décris, le cadran a à-peu-près un pied de diamètre; il est divisé en sept grandes parties (ou sept jours). Chaque septième portion du cadran se meut dans l'espace d'un jour, & sa division en 24 parties (ou 24 heures) fait que chacune de ces parties n'a qu'environ 3 lignes de largeur : cet espace quoique petit, suffit pour que l'on puisse saisir les variations du mercure, à un demi-quart-d'heure, & à beaucoup moins près quand on emploie un *nonius*.

Entre le petit cercle des jours & le grand cercle des heures sur une zône de deux pouces $\frac{1}{2}$ de largeur, on a décrit trente lignes ou cercles concentriques.

Ces deux pouces & demi sont l'expression de l'espace que parcourt le mercure dans le baromètre, depuis le terme indiqué sur l'échelle par 26 pouces $\frac{1}{2}$, plus bas degré de sa descente, jusqu'au terme indiqué par 29 pouces, degré extrême de son élévation.

Règle de foi, ou Alidade.

Au centre du cadran est attachée une règle F ; cette règle est de cuivre & peut se mouvoir en tout sens autour du cadran, c'est l'échelle des degrés : cette règle de foi ou alidade sert à prendre les hauteurs ou les abaissemens du mercure indiqués sur le cadran, par les lignes qu'y trace le crayon.

La règle de foi ou alidade est divisée comme l'échelle des baromètres ordinaires, c'est-à-dire, qu'elle porte une division de deux pouces $\frac{1}{2}$, lesquels sont chacun partagés en lignes : l'on y fait graver si l'on veut, ces mots, *tempête*, *grande pluie*, *pluie ou vent*, &c. & aux nombres usités.

I I. *Baromètre & son appareil.*

Le tube du baromètre propre à cette machine est DDD, & il a pour appareil un flotteur E.

La forme du baromètre ressemble à celle des baromètres à aiguilles, ou à cadrans. Je le décris ailleurs. Je dirai en attendant qu'il doit avoir une assez grande capacité pour contenir huit à dix livres de mercure, la partie inférieure du tube, où se font les variations du mercure, devant avoir une ouverture capable de donner l'entrée au flotteur dont il va être question.

Je n'ai pas besoin de dire que le baromètre est attaché sur une tablette de bois qui s'adapte à la boîte de la pendule dans son intérieur, sur des tasseaux, au moyen de clous à vis, & que son extrémité inférieure doit se trouver au-dessous du cadran.

Flotteur armé de son crayon.

Le flotteur E est un tube de verre soufflé, à son extrémité inférieure, à laquelle on donne la forme d'une petite bouteille applatie par son fond; c'est par cette extrémité qu'il nage sur la surface du mercure.

A l'extrémité supérieure du tube, est adaptée une tige de cuivre fléxible & très-légère. Cette tige s'ajuste par une pointe dans l'ouverture du tube de verre, & elle y est assujettie par un mastic ou de la cire. Au bout de la tige de cuivre & transversalement, est un petit canon de cuivre; dans ce canon est placé un porte-crayon, qui y entre & qui en sort librement : on y insére un crayon blanc, c'est-à-dire, un petit morceau de craie ou de pastel arrondi & aminci avec la lime.

On donne au flotteur une longueur convenable, c'est-à-dire, telle que le crayon qu'il porte aboutisse au cadran mobile, & pose sur la bande ou zône de 2 pouces ½ & le long de la règle de foi : on a soin de rendre la tige de cuivre fléxible, pour que le crayon qui ne doit point toucher le cadran le frappe aisément à chaque fois qu'il y est sollicité par la bascule.

On peut faire un flotteur en attachant au bout d'une tige de bois ou d'une verge de métal, un rond d'ivoire ou de bois qui remplisse la capacité du tube sans frotter contre les parois.

III. *Bascule.*

La troisième partie du barométrographe est la triple bascule, ou la bascule composée de trois petites bascules désignées par les numéros 1, 2, 3. Cette pièce est si importante, que sans elle on tenteroit, aussi envain qu'on l'a fait jusqu'ici, d'exécuter des machines météorographiques, propres à faire des observations.

Le crayon dans le barométrographe est mû par le mercure contenu dans le baromètre, & qui est toujours dans un état d'équilibre avec l'air. Le mercure dans cet état d'équilibre, est une puissance & très-foible & très-lente : c'est lui cependant & lui seul, qui doit porter le crayon sur le cadran d'ébène, pour qu'il y fasse une trace à l'instant même qu'arrive la variation de l'air, & quelque petite que soit cette variation. On sent que le moindre frottement apporteroit des obstacles capables quelquefois d'empêcher, & quelquefois de retarder plus ou moins l'effet. L'Observateur seroit donc toujours trompé sur le tems des variations, ce qui est directement opposé à ce que l'on attend d'un barométrographe.

La bascule que nous allons décrire fait agir sur le porte-crayon du flotteur un ressort ou marteau qui frappe & qui se relève à des instans déterminés, laissant ce flotteur & le porte-crayon parfaitement libres. Toutes ses parties sont représentées en grand dans la *figure seconde de la Planche première*.

C'est la roue des minutes qui fait jouer le tout de la manière suivante : le cadran de la pendule est supposé enlevé. A, représente la roue des minutes ; elle engrène avec une roue à chevilles B : à cette roue à chevilles est adaptée une roue à rocher C, & qui a trente dents ou ailes. A cette roue vient se rendre le bras supérieur ou détentillon de la bascule première marquée D. à la branche inférieure E est attachée une longue règle de cuivre FFF qui vient rejoindre le bras horisontal ou le détentillon d'une seconde petite bascule G, placée au-dessous du cadran. Cette longue règle est terminée par une petite broche de fer, laquelle appuie sur le menton ou plan incliné qui se trouve au bout de la branche horisontale de la bascule G. La branche perpendiculaire H, de la même bascule, porte un coin d'acier, qui passe par derrière une troisième & dernière bascule II, que j'appelle bascule du crayon, parce qu'elle agit immédiatement sur lui. Une cheville de la roue B échappe-t-elle de la dent de la roue C? la détente doit faire frapper la bascule II, sur le crayon * E qui marque un point. La répétition des coups frappés fait tracer sur le cadran une suite de points qui se touchent, & par conséquent une ligne non interrompue, laquelle correspond aux heures tracées sur le grand cercle du cadran.

En effet, la cheville de la roue B accrochant une dent de la roue C fait baisser le détentillon D; celui-ci fait baisser la branche E, par conséquent aussi la longue règle FFF. Celle-ci fait baisser la branche horisontale de la seconde bascule G, ce qui ne peut arriver sans que la branche perpendiculaire avec le coin d'acier qu'elle porte, ne passent sous la troisième bascule II. Cette bascule II, pendant tout le tems de sa levée, laisse le crayon parfaitement libre; mais la roue à chevilles qui tourne insensiblement sur elle-même, laisse échapper successivement une dent de la roue à rocher, pour en reprendre une autre d'où résulte tout le jeu des bascules. Ce méchanisme est très-sûr & très-solide, & quand on adapte le baromètre à des pendules anciennes, comme dans la machine que nous décrivons, on ne peut guère en employer un meilleur. Le jeu de bascule est différent dans le second barométrographe figuré dans la planche seconde.

Barométrographe monté.

La disposition de toutes les parties de la machine dont on vient de donner la description, se trouve dans la *Planche première*, *figure première*, qui représente le barométrographe tout monté.

AAAAA, est la pendule & ses deux cadrans B & C : le premier est immobile, & c'est le cadran de la pendule ordinaire. Le second est mobile, & c'est le cadran du baromètre. On voit dans ce dernier sa division en sept parties ou jours de la semaine, la division de chaque partie en 24 heures, enfin les lignes concentriques qui partagent la bande ou la zône de deux pouces & demi.

DDD est le baromètre.

E Flotteur.

* E Porte-crayon placé tout près du cadran, mais sans le toucher.

F Règle mobile ou échelle des degrés.

Bascule ou assemblage des bascules 1, 2, 3.

Jeu de la Machine.

Il doit résulter de la disposition de toutes ces parties,

1°. Que le cadran mobile CC, tournant sur

son centre uniformement & en sept jours, parcourra en 24 heures la septième portion de son aire.

2°. Que le crayon n'ayant qu'un mouvement perpendiculaire ou de haut en-bas & de bas en-haut, se trouvera toujours au-dessus de l'heure.

3°. Que le crayon montant avec le flotteur auquel il est attaché quand le mercure s'élèvera, & descendant quand le mercure s'abaissera, ce crayon frappé d'instans en instans, par la bascule, tracera sur le cadran une suite de points non interrompus.

4°. Que cette suite de points (ou ligne) par ses infléxions exprimera les degrés de l'ascension & de la descente du mercure au moment où cette ascension & cette descente se feront, & indiquera leur durée.

La bascule dans l'instrument que je décris emploie quatre minutes dans sa levée & son abaissement; on peut lui donner un jeu plus rapide, comme on l'a fait dans le second dont nous présenterons le dessin.

Les ressorts des bascules dont on voit distinctement la forme & la position, *figure deuxième* JJ, doivent avoir une force relative à la dureté ou à la résistance du crayon.

Le crayon dont je me sers est de craie; on peut employer un pastel d'une consistance moyenne, qui s'égrène facilement & tache aisément les doigts; mais au moyen de notre bascule, on n'aura dans aucun cas jamais à craindre de frottement, quelle que soit la dureté du crayon.

Les traces faites sur le cadran par le crayon se trouvant au-dessus des heures, on connoît les variations dans la pesanteur de l'atmosphère, tantôt par des lignes droites, tantôt par des courbes.

Si la pesanteur de l'air varie subitement d'un degré à un autre, la ligne que trace le crayon est une portion de rayon ou ligne droite qui tend vers la circonférence du cadran si la pesanteur augmente, & qui se porte vers le centre si la pesanteur dimiuue.

Dans le cas où la pesanteur de l'air change par degrés lents, les lignes que trace le crayon sont des courbes. Elles tendent à former des spirales concentriques dans l'ascension du mercure; excentriques dans la descente. Enfin, quand le mercure est stationnaire, la ligne que trace le crayon forme une portion de cercle parfait.

L'arc de la courbe & la longueur des lignes droites, tracées, indiquent la durée des variations & leur intensité.

Ici, comme dans tous les baromètres dont les variations se font dans le tube inférieur, les mouvemens du mercure sont les inverses du mouvement du baromètre dont les variations se font au haut du tube supérieur. Ainsi le mauvais tems, ou plutôt la légèreté de l'air sont indiqués dans le barométrographe, quand le mercure monte, & le beau tems ou la pesanteur de l'air quand le mercure descend.

Exemple.

Je finis par feindre un exemple qui renfermera tous les cas énoncés ci-dessus, & qui expliquera comment les lignes droites & les courbes que trace le crayon sur le cadran du barométrographe, indiquent

indiquent à l'Obſervateur l'heure & l'inſtant auxquels il y a lieu à quelques variations dans la peſanteur de l'atmoſphère, ainſi que la quantité ou l'intenſité de variations; enfin les tems où il n'y a eu aucune variation.

Suppoſons que j'ai quitté mon inſtrument un lundi à une heure du matin, & que je reviens l'obſerver le vendredi ſuivant, à minuit (voyez la ligne ponctuée dans le cadran, figure première) je trouve que le cadran a fait à-peu-près les $\frac{3}{4}$ de ſa révolution, & que le crayon a tracé une ligne qui préſente des inflexions très-diverſes.

1°. Depuis lundi une heure du matin juſqu'à huit heures, il a décrit un arc de cercle très-régulier. J'en conclus que la peſanteur de l'air n'a pas varié. Le baromètre ayant été ſtationnaire, le crayon n'a pu tracer qu'une ligne parfaitement régulière.

2°. Depuis huit heures du matin, juſqu'à mardi même heure, la trace du crayon a changé, & je trouve à l'aide de l'échelle mobile ou à la ſimple vue, que l'élévation eſt de 2 lignes. Je ſais par-là non-ſeulement, de combien préciſément le baromètre a monté pendant cet eſpace de tems, je puis même, en partageant la courbe en heures, quarts, minutes, déterminer combien le baromètre a monté à chacune des plus petites parties de ce même eſpace de tems.

3°. A cette époque la ligne eſt tout-à-fait droite, elle gagne le centre en partant de l'extrémité de la courbe & fait un rayon de trois lignes de hauteur. Ce phénomène rare indique une variation ſubite dans l'air, & le degré d'intenſité de cette variation. Enfin on voit, par les autres traces du crayon jusqu'à vendredi à minuit, comment toutes les courbes & les points qui les forment correspondent aux heures, & nous n'avons pas besoin de nous étendre, pour prouver qu'il n'est aucune de ces lignes, qui étant mesurée, n'indique la quantité des variations du mercure dont elles sont l'image, je veux dire, les vrais degrés & les tems précis de ces variations.

Je crois les effets de la machine, suffisamment expliqués : des détails de la nature de ceux dans lesquels je viens d'entrer, ne sauroient être trop abrégés. Un Lecteur qui n'a que des figures pour fixer son attention, ne suit pas toujours aisément les démonstrations qu'on lui en fait, & dès qu'elles deviennent trop longues ou minutieuses, elles l'embarrassent ou le dégoûtent.

QUESTION

Sur la fidélité de l'instrument.

Nous avons supprimé toute espèce de frottement, qui pourroit nuire aux effets que l'on doit attendre d'un barométrographe ; mais le flotteur que nous employons n'a-t-il pas des inconvéniens?

Le flotteur armé de son crayon pèse sur la surface du mercure ; sa pesanteur oppose donc une résistance à l'ascension de ce fluide, cette même pesanteur favorise sa descente. D'où il paroît que le barométrographe sera un peu inexact, c'est-à-dire, qu'il ne donnera jamais les degrés vrais & complettement justes, de l'augmentation & de la diminution du poids de l'atmophère.

J'avoue que cette conséquence seroit bonne, si l'on ne pouvoit rendre nulles les différences que le flotteur peut apporter dans les indications du mercure; & s'il n'étoit aucun moyen de corriger ou de faire disparoître ces différences quand elles ont lieu. Or, rien n'est plus simple que l'une ou l'autre de ces opérations.

Examinons ce que produit la pesanteur du flotteur. Son effet sur le mercure est en raison de cette même pesanteur & de la quantité de mercure contenu dans le baromètre.

Or, la pesanteur peut devenir nulle si la quantité du mercure contenu dans le baromètre est considérable, & le poids du flotteur très-petit.

Le tube de mon baromètre contient neuf livres de mercure. Le flotteur ne fait pas descendre le mercure sensiblement au-dessous de son niveau. Cela ne doit pas surprendre, le flotteur avec son canon, son porte-crayon, sa tige & le crayon ne pèsent en tout que quatre gros.

2°. Mais supposons que l'équilibre entre la colonne de mercure contenu dans le baromètre, & la colonne d'air qui presse sur la surface soit troublé par le poids du flotteur, ce qui arriveroit dans un baromètre qui ne contiendroit que trois à quatre livres de mercure: ce flotteur doit être considéré dans ce cas comme un corps pesant ajouté à la colonne d'air. Mais ce corps est constant, & par conséquent s'il fait descendre le mercure au-dessous de son niveau, je puis en tenir compte.

Pour corriger l'effet de la pesanteur du flotteur sur le mercure, dans un petit baromètre dont je faisois d'abord usage, je me suis servi pendant un tems de contrepoids, avec lesquels je pouvois le mettre dans un équilibre parfait.

J'ai essayé aussi de tenir compte sur la règle de foi, des effets que cette pesanteur produit sur le mercure dans les variations les plus opposées du baromètre; mais ces moyens sont superflus quand on se sert d'un tube un peu gros, comme je viens de l'indiquer.

AUTRE QUESTION

Sur les meilleures formes & dimensions à donner aux Baromètres propres à la construction du Barométrographe.

Il est essentiel dans une machine destinée à des observations scrupuleuses, d'avoir un baromètre exact dans ses effets, & dont les mouvemens soient ou proportionnels ou tout-à-fait égaux à ceux des baromètres les plus parfaits : il est deux espèces de baromètres qu'on peut employer & qui ont ces qualités. (Je n'ai pas besoin de rappeller que dans la construction du barométrographe, l'on se sert d'un baromètre dont les variations se font à la partie inférieure & ouverte du tube.)

Le premier de ces baromètres, c'est-à-dire, celui dont les mouvemens sont proportionnels aux mouvemens des baromètres qui ont deux pouces & demi de variation, sera formé par un tube d'un même diamètre dans toutes ses parties & bien calibré dans toute ſa longueur. Ce baromètre eſt connu & très-fidèle ; peut-être eſt-il le plus exact de tous ; il a été employé comme tel par quelques Météorologiſtes.

Les variations du mercure dans le tube inférieur du baromètre dont nous parlons, ſont de moitié moindres que dans les baromètres à cuvettes, mais ſes mouvemens étant toujours proportionnels à ceux des baromètres les plus ſenſibles, il n'en peut réſulter aucun inconvénient; joignez à cela que lorſqu'il eſt bien fait, les effets du chaud & du froid n'ont point d'influence ſur lui, car la dilatation du mercure opérée par la chaleur eſt uniforme & corrigée par la dilatation du tube dont la capacité eſt auſſi uniforme. La chaleur donnant au tube plus de capacité, empêche la colonne de mercure de s'allonger lorſque la chaleur la dilate ; & le froid diminuant, la capacité du tube empêche la colonne de mercure de s'accourcir lorſque le froid la condenſe. C'eſt ce que pluſieurs expériences m'ont appris.

Le ſecond baromètre eſt repréſenté dans la *Planche première & ſeconde*, *figure première de l'une & de l'autre*. C'eſt celui dont je me ſers. Son réſervoir eſt au haut du tube & il a à ſa partie inférieure une boule qui ſert à vuider une partie de ce réſervoir ; ce qui rend l'inſtrument moins fragile & moins ſujet aux accidens dans le tranſport.

Pour rendre les variations de ce baromètre égales à celles des baromètres d'uſage, les plus ſenſibles, il s'agit de trouver la proportion que doit avoir la capacité de la boule ſupérieure avec la capacité du tube inférieur où ſe font les variations de mercure. Cette proportion doit être telle qu'il n'y ait aucune différence sensible dans le niveau du mercure contenu dans le réservoir, quelles que soient les élévations ou les abaissemens du mercure dans le tube inférieur.

Pour obtenir cet effet, on donne une grande capacité au réservoir ou à la boule supérieure. Le baromètre que j'ai fait construire a un réservoir de deux pouces & demi de diamètre; le tube recourbé ou inférieur, a environ sept lignes; ces rapports qui m'ont paru suffisans pour faire mes premières expériences, ne seroient pas capables de faire disparoître toute différence dans la ligne de niveau, lors des grandes variations du mercure, & je conseille de donner encore plus de capacité que je ne l'ai fait à la boule supérieure du baromètre, ou de diminuer la grosseur du tube inférieur.

REMARQUE

Sur un avantage qu'offrent les Machines météorographiques, où l'on prouve qu'en fournissant des sommes entières des variations de l'atmosphère, elles ajoutent indirectement à l'exactitude des Machines météorométriques.

On sait que les machines météorométriques, c'est-à-dire, le baromètre, le thermomètre, &c. donnent des effets équivoques, parce que des causes étrangères peuvent se mêler aux causes propres & essentielles de leurs mouvemens, ce qui embarrasse beaucoup les Météorologistes; aussi a-t-on cherché des correctifs, au moyen desquels on pût démêler les causes propres des causes étrangères dont je parle.

Donnons un exemple. Le baromètre est la mesure de la pesanteur de l'air, & cette pesanteur de l'air est la cause ordinaire & prochaine des variations du mercure ou de son ascension & de sa descente; mais la chaleur & le froid peuvent aussi faire monter ou descendre le mercure dans la baromètre.

Plusieurs Météorologistes, pour corriger dans le baromètre les erreurs auxquelles peut donner lieu cette complication de causes, ont proposé des thermomètres qui lui servîssent de correctifs, ou des échelles de graduation particulières.

Il est facile de faire voir que les causes accidentelles & étrangères qui peuvent tromper dans des observations partielles & faites à des intervalles de tems éloignés les uns des autres, ne donneroient lieu qu'à de très-petites erreurs, si l'on faisoit usage en météorologie des machines météorographiques: en effet, chacun de ces instrumens donnant des sommes entières de tous les changemens qui arrivent dans l'atmosphère, les effets produits par des accidents ou par des causes étrangères deviendroient presque nuls dans une suite d'observations aussi complettes.

Le barométrographe, par exemple, donnant toutes les variations qui arrivent dans la pesanteur de l'air, sans en laisser échapper une seule, & de plus tenant note du tems de ces variations, les effets de la chaleur & du froid deviennent si petits qu'ils s'évanouissent, quand la somme des observations est considérable comme celle d'une ou plusieurs années; mais ces effets peuvent être grands & dignes d'être considérés dans les résultats des observations que donne le baromètre, quel que soit le nombre de ces observations; car si l'on n'avoit pas égard aux effets que peuvent produire la chaleur & le froid sur les mouvemens du mercure dans une somme quelconque d'observations de cette espèce, il pourroit arriver que les cas extraordinaires où la chaleur auroit fait varier le mercure, auroient souvent eu lieu aux tems choisis par l'Observateur pour consulter son instrument; & il tireroit de ses calculs les plus justes, les conséquences les plus fausses.

Ce que je dis du baromètre est applicable à tous les instrumens météorométriques dont on fait usage, & que l'on consulte sans penser à corriger leurs indications.

REMARQUES HISTORIQUES.

Je finis par quelques remarques qui ont rapport à l'histoire de l'instrument dont je viens de rendre compte, & j'en joindrai d'autres qui me paroissent indispensables.

Les machines météorographiques n'ont été jusqu'à présent que des objets de pure curiosité, & l'on doit être peu surpris qu'aucun Observateur n'ait voulu les adopter. Lorsqu'il me vint dans la pensée de faire un barométrographe & d'autres machines météorographiques, je ne connoissois rien de tout ce qui avoit été tenté en ce genre, & dès que le barométrograghe fut exécuté, il fut vu par nombre d'Amateurs & de Savans; je leur communiquai aussi les dessins des autres machines météorographiques. Les détails que quelques-uns me donnèrent sur les machines semblables faites en Angleterre, en France & ailleurs, m'apprirent que si je m'étois rencontré sur quelques points avec mes prédécesseurs, j'avois seul trouvé le moyen de les rendre usuelles; c'est-à-dire exactes.

Dans ces sortes d'instrumens, il s'agit, 1°. de joindre à la pendule qui mesure le tems, les machines qui mesurent les diverses qualités de l'air, & 2°. de faire tracer sans frottemens des crayons mus par ces dernières : le premier de ces objets à remplir a occupé les Méchaniciens, & la disposition qu'ils ont donnée aux différentes parties de leurs instrumens météorographes, leur a fait négliger le second point; ils ont fait tracer les crayons tantôt sur des cadrans, tantôt sur des tablettes (mues horisontalement entre des coulisses), quelquefois sur des bandes de papier qui se développent & s'enveloppent sur des cylindres verticaux tournant sur leurs centres, mais ils n'ont pas supprimé le frottement que produit la trace de ces crayons. Peut-être croyoient-ils qu'il étoit impossible de faire tracer ces crayons sans les faire frotter, & qu'il ne s'agissoit que de chercher à diminuer un défaut nécessaire.

Il est pourtant incontestable que si les crayons frottent dans les machines en question, leurs effets ne seront jamais exacts; le raisonnement le démontre & l'expérience ne m'a laissé aucun doute sur ce point, parce que dans mes premiers essais, je n'avois pas plus pensé que les autres Méchaniciens à sauver cet inconvénient. Je pourrois rapporter un assez grand nombre de moyens que j'avois imaginés pour faire tracer le crayon de mon barométrographe, à l'aide d'un ressort léger & de contre-poids qui pussent rendre l'effort du ressort presqu'insensible ; il suffit de dire que quels que fussent ces moyens, les mouvemens du mercure étoient toujours plus ou moins gênés : or, tant que ces mouvemens ne sont pas parfaitement libres, le baromètre est infidèle & mauvais (1).

Le méchanisme de la bascule que j'ai décrite m'étant venu à l'esprit, je me hâtai d'en communiquer l'idée à un habile Horloger (M. Tribalet); il se chargea d'exécuter cette bascule, & le fit si bien que mon barométrographe, que je n'eusse jamais osé publier quoique meilleur que tous ceux qu'on m'avoit fait connoître, devint sans défaut & une vraie machine d'observation qui peut désormais servir de modèle pour la construction des autres machines météorographiques.

Il n'y en a aucune qu'il ne soit facile de rendre d'une exactitude aussi grande que les machines simplement météorométriques si l'on se sert de cette bascule : en effet, quel que soit le méchanisme de ces dernières, on peut choisir dans toutes un point mobile au moyen duquel on fera porter un crayon sur un cadran, sur une tablette

---

(1) Je n'ai pas cru devoir donner à mon baromètre des proportions plus grandes que celles que j'ai assignées, & chercher par-là à rendre la force du mercure supérieure aux résistances produites par le frottement du crayon. Parce qu'on ne peut augmenter la quantité du mercure dans un baromètre au-delà de certaines bornes sans s'exposer à des inconvéniens.

ou ſur des papiers mus uniformement par une pendule & diviſés par des lignes en jours & heures, &c. les crayons ne touchant ces papiers que lorſqu'ils ſeront ſollicités par les baſcules, formeront leurs traces par des ſuite de points ; le frottement ſera inſtantanné & par conſéquent nul, c'eſt-à-dire ſans effet. La baſcule ſe relevant auſſi-tôt qu'elle aura frappé, les crayons ſeront libres & le moteur de ces crayons n'éprouvera aucune réſiſtance.

Ce moteur dans le baromètre eſt le mercure : le crayon porté par la tige flottante ſur le fluide, monte ou deſcend dans les mouvemens d'aſcenſion & de deſcente du mercure, ſans troubler ces mouvemens, parce qu'il n'appuie ſur le cadran que lorſqu'il eſt frappé par le marteau de la baſcule ; mais ſi le crayon appuyoit conſtamment contre le cadran, il eſt clair qu'il oppoſeroit une réſiſtance plus ou moins préjudiciable à la régularité des indications. Je répète & je ſens que je m'étends beaucoup ſur l'article que je traite, mais je ne crois pas ces détails inutiles, & l'on en verra les raiſons dans ce qui me reſte à dire ſur les tentatives des Méchaniciens dont je crois devoir faire mention.

L'idée d'appliquer les machines météorométriques à la pendule, eſt aſſez nouvelle. Il paroît que M. d'Onz-en-Bray eſt le premier qui ait publié & fait exécuter un météorographe particulier, c'eſt un *Anémométrographe* ; on en peut voir les deſſins & la deſcription dans le Recueil des Mémoires de l'Académie Royale des Sciences pour l'année 1734. Pour faire juger du mérite de cette machine très-ingénieuse, mais compliquée, il me suffit de dire que l'Auteur a laissé traîner le crayon indicateur : remarquons cependant que le frottement qui en résulte est un défaut qui se fait moins sentir que dans plusieurs autres instrumens météorographiques, parce que le vent qui est le moteur du crayon dans l'anémométrographe, a une force très-considérable & qui doit vaincre les résistances qu'opposent les crayons avec beaucoup de facilité, & dans la plupart des cas, sans de grands inconvéniens.

Je ne dirai qu'un mot de la machine qu'un Ingénieur (M. Courgeoles) présenta à l'Académie Royale des Sciences de Paris, il y a huit à neuf ans & qu'il nommoit *Météorographe*, mais qui n'est qu'un *Barométrographe* ; elle fut offerte par son Auteur à Sa Majesté, Louis XV, qui la fit placer dans un de ses Cabinets où l'on peut la voir. Elle a tous les défauts de celles qui avoient été imaginées long-tems avant en Angleterre & beaucoup d'autres.

Je trouve dans un ouvrage de M. Magellan, Gentilhomme, & Savant Portugais, quelques détails qui mettront le lecteur au fait de ce qui a été tenté en Angleterre, & de ce que cet Auteur a fait & se propose de faire lui-même dans le même genre : *Voyez description & usages des nouveaux Baromètres pour mesurer les hauteurs, &c.* Après avoir (*page* 158,) fait sentir la nécessité des observations météorologiques & l'avantage d'interroger à la fois tous les instrumens de météorologie ; après avoir remarqué qu'il seroit essentiel non-seulement de connoître les tems précis de leurs indications, mais d'avoir tous les tems de ces mêmes indications, M. Magellan décrit un barométrographe de son invention qui a les défauts des machines de MM. d'Onz-en-Bray & Courgeoles, sans compter qu'elle a beaucoup d'autres imperfections : aussi ne paroît-il la proposer que parce qu'elle est très-économique.

M. Cumming, fameux Artiste & Holorger du Roi d'Angleterre, paroît être, après M. d'Onz-en-Bray, celui de tous les Savans & Artistes qui s'est le plutôt occupé de machines météorographiques, mais on peut présumer que le méchanisme qu'il a employé n'est pas exempt des mêmes reproches. M. Magellan dit (*page* 161.) que depuis plus de quinze ans au palais du Roi (Buckingham-house), à Londres, on voit une pendule de M. Cumming qui marque les hauteurs du baromètre avec la plus grande exactitude : c'est un morceau très-riche, on en peut juger par l'épithète de magnifique que lui donne l'Auteur que je cite, & par le prix d'une pendule de cette espèce qui est chez le même Artiste & qui va à 500 louis : mais si M. Cumming eût trouvé le moyen de supprimer le frottement du crayon dans son instrument, M. Magellan en eût fait mention & n'eût pas manqué de profiter de cette invention pour rendre plus parfaites les machines qu'il propose ; on peut donc douter de l'*exactitude parfaite* de l'instrument de M. Cumming.

M. Magellan parle de mon barométrographe, & après avoir dit qu'il ne le connoît que par l'annonce que j'en ai publiée dans le Journal de Physique

(Janvier 1780, page 75.), il ajoute : j'ai fait exécuter une pendule sur un plan fort différent de celui de MM. Cumming & Changeux, & assurément bien plus économique que celle du premier, car elle n'engagera pas dans la quinzième partie de la dépense ; elle marche déjà chez moi depuis plus d'un an, sans que j'aie eu encore le tems d'y faire ajouter les instrumens météorologiques. Au lieu d'un cercle mis en mouvement par le rouage de la pendule, il y a quatre cylindres verticaux sur lesquels une longue bande de papier blanc qui y est enveloppée passe d'un rouleau à l'autre, avec un mouvement aussi régulier que celui de la pendule dont la marche est d'un mois entier sans être montée.

Ce papier mû sur des cylindres ou bobines, est une invention qui avoit été imaginée par M. d'Onz-en-Bray, & peut être avantageuse si M. Magellan en rend le jeu plus facile & plus simple que dans l'anémomètre à pendule de M. d'Onz-en-Bray ; celui-ci y remarqua des inconvéniens qu'il tâcha de corriger, comme on peut le voir dans les Mémoires de l'Académie des Sciences au volume cité ; mais je puis prédire à l'Académicien de Londres, que s'il ne s'occupe pas de la manière de faire tracer sur le papier son crayon sans aucun frottement, il n'aura pas une machine fidèle. Au fond, c'est à cela seul que tient la réussite des météorographes particuliers ou généraux ; les différentes formes que l'on peut leur donner n'ajoutent que des degrés de perfection & peuvent être variés à l'infini.

J'ose présenter la même observation à M. A. Walker, Démonstrateur de Philosophie expérimentale à Londres, qui fait exécuter une espèce de météorographe dans la salle où il donne ses leçons de physique.

Parmi les Artistes François qui se proposent de s'exercer sur le même objet & qui connoissent mon barométrographe, il en est qui ont déjà imaginé de donner différentes formes à cet instrument & de le composer à leur manière : mais tous ont reconnu la nécessité du méchanisme de la bascule des crayons. Je ne citerai qu'un baromètre à pendule que fait exécuter un célèbre Horloger de Paris. Au cadran d'ébène que j'emploie, il substitue une planchette horaire qui est mue dans une coulisse pendant l'espace de vingt-quatre heures, & qui au bout de ce tems se replace ou revient par un sautoir au point d'où elle étoit partie pour faire sa révolution. Cette planchette placée au-dessous du cadran ordinaire de la pendule, a l'avantage d'offrir à une distance convenable & sous les yeux du spectateur, toutes les traces que fait le crayon du baromètre.

Je continuerois cet article en faisant la description des machines météorographiques que prépare M. Magellan, si je ne savois que l'Auteur du Journal de Physique se propose de les faire connoître : j'en donnerai seulement une idée sommaire. Ce sont 1°. le *thermométrographe* : ce Savant conseille de se servir ou d'un thermomètre à esprit-de-vin & à mercure, ou d'un thermomètre métallique auquel il donne la préférence. J'en ai fait exécuter un de la première espèce qui est très-simple & très-exact : 2°. L'hygroscope à pendule, ou *l'hygrométrographe* : l'Auteur choisit l'hygromètre de bois imaginé par M. Whiteurst, Membre de la

Société Royale de Londres; je ne sai si des hygromètres d'ivoire ouverts & par conséquent construits différemment que celui de M. Duluc ne seroient pas préférables, ou si l'on ne devroit pas même préférer l'hygromètre à cordes; c'en est un de cette dernière espèce que j'ai figuré dans mes dessins: 3°. *L'anémométrographe:* M. Magellan pour faire cet instrument, se contente, à ce qu'il semble, de prendre dans l'anémomètre à pendule de M. d'Onz-en-Bray, une pièce. Cette pièce est la tige d'une girouette qui descend du toît jusque dans la chambre météorographique. Autour de cette tige, on met 8 ou 32 pointes de crayon de mine de plomb, que l'on dispose en spirale, en sorte qu'elles forment un tour entier. On connoîtra, selon l'Auteur, par la hauteur respective des lignes tracées par les crayons sur la planche ou le cadran horaire, la direction des vents qui ont régné dans chaque heure du jour. J'ai un anémomètre à pendule où deux crayons indiquent tous les vents. Notre Auteur conseille, pour mesurer la force des vents, de se servir de la méchanique du Docteur Lind; la description de la machine de ce Médecin, se trouve dans les Transactions Philosophiques, Vol. 65, numéro 34. Le savant Portugais y fait quelques corrections & additions nécessaires, & il propose d'autres moyens que lui fournit la description de l'anémomètre de M. Lemonosow, que l'on trouve dans le Vol. II. des Commentaires nouveaux de l'Académie Impériale de Pétersbourg, page 129. 4°. Le *pluviométrographe:* cette machine qui est très-simple ressemble beaucoup à celle que j'ai imaginée. M. Magellan

ne

ne donne point les rapports qui doivent se trouver entre le vase du toît qui reçoit la pluie & celui où elle se rend, & dans lequel flotte la tige qui porte le crayon. 5°. *L'atmidométrographe* ou instrument pour mesurer l'évaporation : il est composé à-peu-près des mêmes pièces du pluviomètre mais différemment disposées, & M. Magellan qui cite un instrument de cette espèce inventé par feu M. Richmann (décrit dans le II Vol. des nouveaux Commentaires de l'Académie Impériale des Sciences de Pétersbourg), convient de ses avantages sans dissimuler qu'ils sont contre-balancés par des inconvéniens. 6°. Le *royamétrographe* ou instrument pour marquer la hauteur précise de chaque marée, c'est-à-dire, la quantité du flux & du reflux de la mer, ou, comme on le dit, de son *Ebe* & de son *Jusant*, la quantité de la durée de chacun, & les momens où ils commencent & où ils finissent : c'est ce que l'on obtiendra, dit M. Magellan, en formant une communication (par un tuyau de plomb ou par une rigolle) entre l'eau d'un port de mer & la cave au-dessous de l'endroit ou le météorographe est établi; il suffit d'y mettre une pièce flottante pour que toutes les variations soient marquées sur la planche du même instrument, en les réduisant à la grandeur proportionnelle d'un pouce ou d'un demi-pouce pour chaque pied de hauteur, &c.

Voilà l'indication des machines météorographiques que propose l'Auteur, & il eût pu en joindre d'autres telles que l'*eudiométrographe*, pour mesurer l'élasticité de l'air; le *manométrographe*, pour sa densité; l'*électométrographe*, pour la quantité d'électricité qu'il contient ; le *magnétométrographe*, pour mesurer les variations de la boussole. Toutes ces machines ne sont pas impossibles quelque difficultés que quelques-unes présentent ; & l'on peut dire que si les essais que l'on pourroit tenter en ce genre étoient d'abord imparfaits, ils donneroient des vues, & que la correction de leurs défauts nous feroit jouir enfin des seuls instrumens qui puissent nous éclairer sur la Météorologie.

Peut-être parviendroit-on après la découverte de ces météorographes particuliers, à former un *météorographe universel* ou composé de tous les autres : on seroit au moins à même de construire de vrais observatoires météorologiques, les observations sur l'atmosphère seroient complettes, & dans chaque pays on auroit des résultats que l'on seroit en droit de comparer ; on en tireroit des conséquences sur les qualités habituelles de l'air des divers climats ; & c'est ce qu'il est absurde de faire tant qu'on se servira des machines météorométriques qu'on n'observe qu'à des intervalles de tems très-éloignés.

Je sais que le projet que je propose & que sans doute ont eu tous ceux à qui l'idée des machines météorographiques s'est présentée, paroîtra difficile ou même chymérique à beaucoup de personnes ; peut-être sommes-nous encore trop peu instruits en Météorologie pour sentir le besoin que nous avons des secours dont je parle : quand on aura acquis plus de lumières, on aura plus de choses à desirer ; on devient plus modeste & plus curieux à mesure qu'on fait des progrès dans les Sciences.

EXTRAIT des Regiſtres de l'Académie Royale des Sciences du 22 Juillet 1780.

L'Académie nous ayant chargé M. Briſſon & moi, d'examiner un barométrographe préſenté par M. Changeux, nous allons lui rendre compte de la conſtruction & des effets de cet inſtrument.

Mais auparavant nous croyons qu'il eſt à propos de dire un mot, ſur les obſervations du baromètre, & ſur celles de tous les inſtrumens en général qui nous ſervent à faire connoître les changemens de différentes eſpèces qui arrivent dans l'atmoſphère.

Il y a long-tems qu'on a ſenti la néceſſité & l'importance d'obſerver d'une manière ſuivie & conſtante les différentes variations de l'air, ſoit par rapport à ſa peſanteur & à ſa température, à ſon degré de ſéchereſſe, ou d'humidité, à ſon mouvement, à ſa direction, ou en d'autres termes, au vent & à ſa force, &c. Mais la difficulté ou même l'impoſſibilité de pouvoir, avec les inſtrumens connus, obſerver ainſi à chaque inſtant ces variations, a fait que les Obſervateurs ſe ſont contentés en général de fixer le tems de leurs obſervations aux momens de la journée qui leur ont paru le mieux s'accorder avec leurs occupations, ou le mieux répondre aux inſtans où ils ont imaginé qu'il arriveroit quelque changement marqué dans l'atmoſphère.

Mais par là, on a perdu en quelque façon le fil des opérations de la nature; un grand nombre de variations ayant pu arriver dans les intervalles de ces obſervations, qui nous ſont échappées, ou qu'on n'a pu remarquer qu'au bout d'un tems conſidérable; comme nous pourrions le prouver par pluſieurs exemples : mais quoi qu'il en ſoit, comme les inſtrumens ordinaires demandent, pour nous faire connoître toutes ces différentes variations, une aſſiduité & une conſtance au-deſſus des forces de l'Obſervateur le plus zélé, pluſieurs Phyſiciens ont penſé il y a long-tems a en conſtruire qui puſſent indiquer ces variations, pour tous les inſtans de la journée.

M. d'Onz-en-Bray, paroît être le premier qui ait imaginé un inſtrument de ce genre relativement au vent; comme on peut le voir dans le Recueil de nos Mémoires 1734.

M. Cumming, habile Horloger de Londres, fit il y a 13 à 14 ans, pour le Roi d'Angleterre, une machine tout à la fois du genre de celle de M. d'Onz-en-Bray & de celle de M. Changeux. Feu M. d'Arcy l'avoit vue en 1737, & en a parlé pluſieurs fois à l'un de nous, (M. Le Roy.)

M. Magellan, Correſpondant de l'Académie, en donne une notice dans une de ſes lettres, ou plutôt celle d'une machine toute ſemblable, que le même Horlorger avoit fait conſtruire chez lui. » Il y-a, dit-il, chez M. Cumming, un mouvement de pendule, qui fait tourner la ſurface » d'un grand cercle ou cadran, par un mouvement » régulier, qui paſſe par-deſſous différens crayons » qui marquent tout à la fois, les mouvemens » du baromètre, la température de l'air, par un » thermomètre métallique, la direction du vent,

» sa force, &c. &c. comme on le voit dans la ma-
» chine qu'il a faite pour le Roi «.

C'est précisément celle dont nous avons parlé plus haut. L'Académie peut se rappeller aussi à ce sujet un baromètre du genre de celui de M. Changeux, qui lui fut présenté, il y a quelques années par un Ingénieur (M. de Courgeoles), & qui est actuellement à Versailles, dans les Appartemens intérieurs du Roi.

Ce qu'il y a de plus important & de plus délicat dans la construction d'une machine de cette espèce, c'est de faire marquer le crayon, sans que pour cela les mouvemens du mercure soient gênés, & sans que le mouvement du cadran, sur lequel le crayon trace, en soit retardé, & en conséquence celui de la pendule, quoique ce dernier effet soit beaucoup moins à craindre que le premier.

Nous n'avons aucune connoissance de la méchanique employée dans la machine de M. Cumming pour faire marquer les crayons; & celle dont on a fait usage dans le baromètre, dont nous venons de parler, ne remplit que très-imparfaitement son objet; parce que le crayon marque en traînant sur le cadran, & que cette manière de marquer est sujette à plusieurs inconvéniens, comme on le verra dans un moment.

M. Changeux nous paroît avoir bien saisi le moyen de parer aux difficultés dont nous venons de faire mention.

Comme il est question d'avoir, ou de représenter les variations du baromètre à tous les instans du jour, on concevra sans peine que dans le barométrographe de M. Changeux, il y a un grand cercle ou cadran qui fait une révolution dans certain tems, & qui est mené par le mouvement d'une pendule. Ce cercle peut être placé de cent façons différentes, & faire de même plus ou moins de révolutions à la volonté de l'Observateur.

Dans le barométrographe actuel de l'Auteur, ce cercle ou cadran est placé autour de celui des heures & des minutes; il étoit au-dessous dans le premier construit par le même Auteur; il fait sa révolution en sept heures & la roue dont il est composé est plus haute que les deux pouces ½ de jeu du mercure dans ses plus grandes variations. Les jours de la semaine sont marqués au bord intérieur de chacune des sept divisions de ce cadran. Il est formé par un cercle de cuivre dans lequel sont enchâssées des tablettes de bois d'ébène; & sur le bord du cuivre qui en forme l'encadrement, on a gravé à chacune des divisions septenaires, les vingt-quatre heures du jour.

On sent bien que le baromètre dans cette machine, est du même genre, que celles des baromètres à roue ou à cadran; mais l'Auteur lui a donné encore plus de capacité. Il peut contenir jusqu'à huit à neuf livres de mercure, la boule supérieure ayant aux environs de deux pouces & demi de diamètre, afin de pouvoir fournir à la partie inférieure du tube où se font les variations, & qui doit avoir un diamètre suffisant pour recevoir le flotteur.

Le flotteur est un tube de verre soufflé à son extrémité inférieure, en forme de petite bouteille applatie par son fonds; c'est cette partie qui nage, ou qui flotte sur le mercure.

A l'extrémité supérieure de ce tube est adaptée une tige de cuivre fléxible, qui porte transversalement un petit canon de cuivre dans lequel entre le porte-crayon, on y met un crayon blanc, un petit morceau de craie ou de pastel blanc. Il est presque inutile d'ajouter que ce petit équipage a la longueur nécessaire pour marquer avec exactitude la hauteur qui correspond à celle que le mercure indique.

Tout ceci bien entendu, il est facile de penser que si le crayon frottoit constamment sur le cadran, ce frottement nuiroit considérablement à la liberté des mouvemens du mercure, comme nous l'avons déjà dit. En effet, la force qui le fait baisser ou monter étant dans un grand nombre de cas, infiniment petite, la résistance produite par ce frottement, suffiroit pour arrêter les mouvemens d'élévations ou d'abaissemens du mercure; de sorte qu'on n'auroit par-là qu'une espèce de ligne marquée par ressauts dans les instans où la force seroit assez grande pour surmonter cette résistance, soit dans un sens, soit dans l'autre. On voit encore que ce frottement retarderoit le mouvement du cadran ou influeroit sur celui de la pendule, quoique d'une manière bien moins sensible à cause de la lenteur du mouvement de ce cadran. Voici l'artifice de méchanique, par lequel M. Changeux prévient ce double inconvénient, & fait marquer le crayon.

Le flotteur est entretenu verticalement, de manière que ce crayon ne frotte ou plutôt ne porte sur le cadran, que dans l'instant où il y fait sa marque. Pour produire cet effet, il y a une bascule ſituée verticalement dont le bout répond au porte-crayon ; elle eſt ſollicitée par un reſſort qui tend à la porter ſur le cadran. Or, lorſque ce reſſort eſt en liberté de déployer ſon action, il oblige cette baſcule à venir frapper ſur le bout du porte-crayon, de manière que dans l'inſtant, le crayon marque un point ſur le cadran & ſe relève auſſitôt, & ce point marqué, ſe trouve préciſément à la hauteur requiſe puiſqu'elle eſt déterminée par celle du mercure même dans le baromètre.

Pour faire jouer cette baſcule, il y a dans le mouvement de la pendule une roue qui fait un tour par heure & qui porte trente chevilles, qui agiſſent ſur une ſeconde baſcule qui communiquant avec la première, ne permet à celle-ci de donner ſon coup que toutes les deux minutes, ou lorſque cette ſeconde baſcule a échappé. On voit que par cet effet on a ſur le cadran un point de deux en deux minutes, qui indique la hauteur du mercure pendant cet intervalle de tems.

On pourroit craindre que la ſuperficie du mercure étant comprimée par le poids du flotteur, cette preſſion n'en gênât les mouvemens ; cependant, ce flotteur étant très-léger, cet effet paroît peu à redouter. M. Changeux nous a même dit, ſur ce que nous lui propoſions de faire ſoutenir le flotteur par un contre-poids, que l'ayant fait, l'obſervation lui avoit appris que cette précaution étoit ſuperflue.

Nous avons dit que le cadran faiſoit ſon tour en ſept jours, nous croyons qu'on pourroit diminuer le tems de cette révolution, parce que, lorſque le flotteur eſt élevé, & s'approche par-là du centre du cadran, l'espace que celui-ci vient alors occuper, étant à cette hauteur, n'est pas assez considérable.

La superficie du mercure étant chargée dans le barométrographe du poids du flotteur, il paroît en devoir résulter, que ces mouvemens où l'on voit le mercure s'élever en goutte, ou sa superficie s'abaisser en creux (effets avant-coureurs des mouvemens plus marqués), ne seront pas assez sensibles dans cet instrument; mais c'est en grande partie ce que l'on voit arriver dans ceux dont les tuyaux sont fort gros.

Il est presque inutile d'ajouter que dans le barométrographe de M. Changeux, il est très-important, comme dans tous les baromètres à roue, que le réservoir de mercure soit assez considérable pour qu'il n'y ait pas de différence sensible dans le niveau de la superficie supérieure, quelles que soient ses élévations ou ses abaissemens dans le tube d'en-bas; & comme il faut que le poids du flotteur soit réparti sur le plus grand nombre de points qu'il est possible, il est nécessaire pour cela que le tube d'en-bas ait un diamètre suffisant.

Nous concluons de tout ce que nous venons de dire, que la manière dont M. Changeux fait marquer le crayon dans son barométrographe (opération qui est la plus importante dans un instrument de ce genre) est nouvelle & ingénieusement imaginée: qu'elle nous paroît exempte des inconvéniens de celle de M. de Courgeoles, où le crayon fait sa marque en traînant, par les raisons que nous avons rapportées; enfin que son barométrographe étant en général bien disposé & bien entendu, nous croyons qu'il mérite l'approbation de l'Académie.

Fait dans l'Académie des Sciences, le 22 Juillet 1780. LE ROY & BRISSON.

Je certifie le présent extrait conforme à l'original & au jugement de l'Académie, ce 22 Juillet 1780, *signé* le Marquis DE CONDORCET.

EXPLICATION de la Figure du second Barométrographe.

Ce second barométrographe dont on a dû prendre une notion suffisante dans la description du premier & dans le Rapport de MM. les Commissaires de l'Académie, a été exécuté par MM. Hilger, Adamson & Millenet, excellens Artistes de cette Capitale; il est déposé chez les deux derniers qui demeurent à l'Abbaye de Saint-Germain, Cour des Religieux. Je crois devoir dire ici que ces deux Artistes se sont fait un plaisir de l'annoncer par des *Prospectus* imprimés & qu'ils continuent à le montrer aux Curieux avec la plus grande complaisance & le plus parfait désintéressement.

Je me contenterai, comme je l'ai dit, de donner l'explication de ce barométrographe construit à neuf, & que l'on a rendu de la plus grande simplicité.

A. Est la cage du mouvement. *Voyez la Planche seconde Figure première.*

B. Roue des minutes.

C. Roue des heures.

D. Roue de renvoi.

E. Autre roue de renvoi.

FF. Roues de champ.

G. Roue platte portant le pignon qui engrène dans la grande roue du cadran d'ébène.

H. Roue à cheville qui fait jouer la bascule.

Elle est figurée seulement par des points & se trouve sous ou derrière la platine.

IIII. Bascule, ses coudes & ses différentes branches.

K. Ressort de la branche inférieure de la bascule.

L. Pivot de la bascule.

MM. Flotteur.

NN. Tige de cuivre qui porte le crayon.

O. Canon dans lequel on insére le porte-crayon armé de son pastel ou crayon.

PPP. Baromètre.

QQ. Grande roue d'ébène qui recouvre la cage & tous les rouages.

La Figure seconde de la Planche seconde représente le nouveau barométrographe monté.

N. B. Les Machines décrites dans ce Mémoire ne sont pas dispendieuses. Dans l'une & l'autre, les additions faites au mouvement de la pendule y compris le baromètre, contenant neuf livres de mercure ; peuvent monter à-peu-près à 8 ou 9 louis dans ce pays, où la main-d'œuvre est fort chère.

FIN.

TABLE.

Fin de la Table.

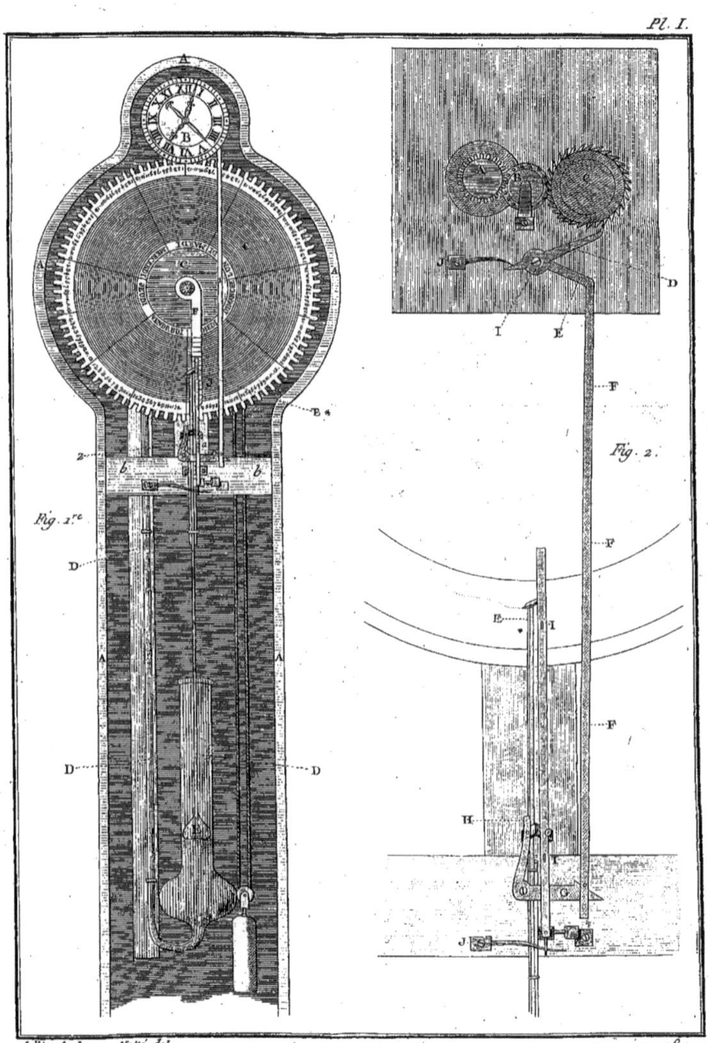

Sellier Sculp. Nolté del. 1780.

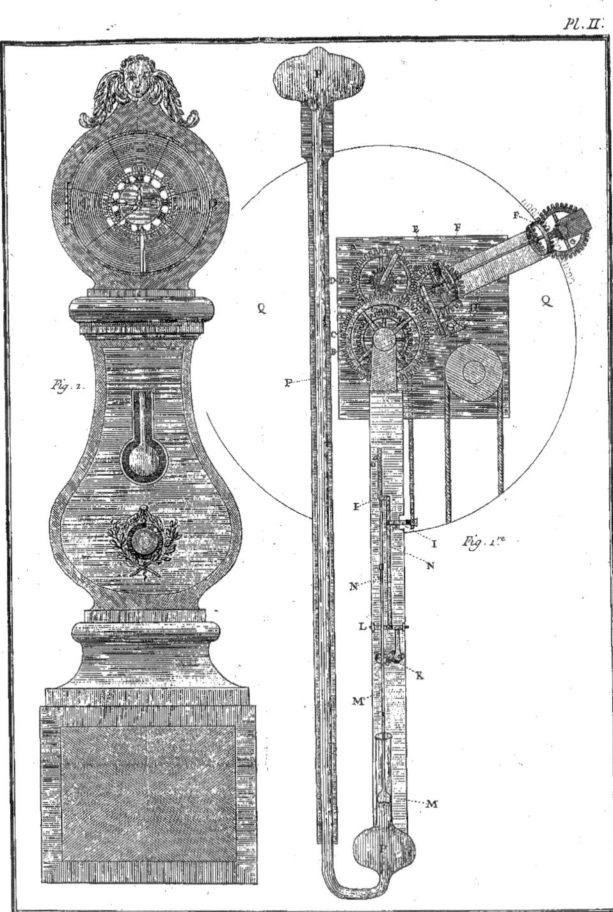

Sellier Sculp. Notté del.

1780.

www.ingramcontent.com/pod-product-compliance
Ingram Content Group UK Ltd.
Pitfield, Milton Keynes, MK11 3LW, UK
UKHW021129230726
13926UKWH00002B/683